BEI GRIN MACHT SICH IHR WISSEN BEZAHLT

- Wir veröffentlichen Ihre Hausarbeit, Bachelor- und Masterarbeit

- Ihr eigenes eBook und Buch - weltweit in allen wichtigen Shops

- Verdienen Sie an jedem Verkauf

Jetzt bei www.GRIN.com hochladen und kostenlos publizieren

Der Satz des Pythagoras. Herleitung, Geschichte und Hintergründe

Julius Finn Strahl

Bibliografische Information der Deutschen Nationalbibliothek:

Die Deutsche Nationalbibliothek verzeichnet diese Publikation in der Deutschen Nationalbibliografie; detaillierte bibliografische Daten sind im Internet über http://dnb.d-nb.de abrufbar.

ISBN: 9783668655812
Dieses Buch ist auch als E-Book erhältlich.

© GRIN Publishing GmbH
Nymphenburger Straße 86
80636 München

Alle Rechte vorbehalten

Druck und Bindung: Books on Demand GmbH, Norderstedt Germany
Gedruckt auf säurefreiem Papier aus verantwortungsvollen Quellen

Das vorliegende Werk wurde sorgfältig erarbeitet. Dennoch übernehmen Autoren und Verlag für die Richtigkeit von Angaben, Hinweisen, Links und Ratschlägen sowie eventuelle Druckfehler keine Haftung.

Das Buch bei GRIN: https://www.grin.com/document/414737

Inhalt

Einleitung 2

Satz des Pythagoras Geschichte 3

Satz des Pythagoras Basiswissen 4

Beispiel an einer Aufgabe 5

Herleitung vom Satz des Pythagoras 6

Pythagoreische Tripel 8

Nähere Erklärung zu pythagoreischen Tripeln 8

Rechenverfahren zur Unendlichkeit der pythagoreischen Tripel 9

Quellen- und Literaturverzeichnis 11

Einleitung

Diese Facharbeit beschäftigt sich mit Themen rund um den wohl berühmtesten Lehrsatz in der Mathematik, dem Satz des Pythagoras. Zum einen thematisiert diese Arbeit die Herleitung des Satzes und außerdem wird sich der Unendlichkeit der pythagoreischen Tripel angenommen. Hierbei werden geometrische sowie rechnerische Verfahren angewendet um alles möglichst klar darzustellen und dem Leser das Thema verständlich näher zu bringen. Zur Wissensaneignung wurden sowohl digitale Quellen als auch Print-Medien genutzt. Trotz des Zeitpunkts an dem diese Themen aktuell waren, hat mich die Geschichte hinter dem Satz sehr interessiert und auch, wie man ihn herleitet.

An dieser Stelle möchte Ich gerne Johannes Kepler zitieren welcher einst sagte: *„Die Geometrie birgt zwei große Schätze: Der eine ist der Satz des Pythagoras, der andere der goldene Schnitt. Den ersten können wir mit einem Scheffel Gold vergleichen, den zweiten als ein kostbares Juwel bezeichnen."* - Johannes Kepler, 1609

Damit soll verdeutlicht werden, dass der Satz des Pythagoras trotz seines, schon damals, „fortgeschrittenen Alters", nicht mehr wegzudenken ist. Ein ganz primitives Beispiel wäre dieses: Man kauft eine Leiter und man weiß nicht, wie hoch eine Mauer Maximal sein darf, damit die Leiter nicht zu kurz wäre. Zudem bestimmt man hier den maximalen Abstand zur Mauer. Denn die Leiter sollte nicht zu nah oder zu weit entfernt von der Mauer stehen. Dieses Problem lässt sich ganz leicht mit der Anwendung des Satzes lösen.

Die Facharbeit ist in mehrere Teile zu unterteilen. Zum einen werden dem Leser jeweils das Grundwissen zum Satz des Pythagoras und den pythagoreischen Tripeln näher gebracht, zum anderen wird die Geschichte beider Themen thematisiert. Weiter wird untersucht, wie man den Satz des Pythagoras herleitet und, welche Rechnerischen Methoden es gibt, um pythagoreische Tripel herauszufinden. Zudem werden in Hinsicht auf die Unendlichkeit der pythagoreischen Tripel weitere Untersuchungen angestellt.

Satz des Pythagoras Geschichte

Im folgenden Kapitel wird dem Leser der Satz des Pythagoras nähergebracht und es wird die Geschichte des Satzes beschrieben.

Zuerst werden hier die vielen „anonymen" Bemühungen der Babylonier und Ägypter überliefert, welche den Weg für die Errungenschaften von Gelehrten der klassischen griechischen Periode erst möglich machten. Zum Beispiel fand man zwischen einer Vielzahl babylonischer Tontafeln (ca. 1800-1600 vor Christus) auch eine, welche sich bereits mit der Aufstellung pythagoreischer Tripel beschäftigte (Abb. 1).[1]

Abbildung 1 Plimpton 322 (Wordpress.com)

Pythagoras war wohl der erste mathematische „Superstar" unter den Gelehrten aus Griechenland. Wegen des Mangels an verlässlichen Quellen und der schon früh wuchernden Legendenbildung und Widersprüchen zwischen den überlieferten Berichten sind viele Angaben über das Leben des Pythagoras in der wissenschaftlichen Literatur umstritten. Daher werde Ich mich auf den aktuellen Forschungsstand berufen. Pythagoras wurde um 570 vor Christus als Sohn des erfolgreichen Kaufmanns Mnesarchos auf der Insel Samos geboren. Es heißt in seiner Jugend habe Pythagoras sich in Ägypten und Babylonien aufgehalten[2], um sich mit den dortigen religiösen Anschauungen und naturwissenschaftlichen Kenntnissen vertraut zu machen. Zwischen 532 und 529 vor Christus gründete er eine Schule in Kroton. Dort bildete sich eine Gemeinschaft welche streng nach der „pythagoreischen Art des Lebens" lebte und sich zur Treue untereinander verpflichtete. Sie nannten sich die Pythagoreer. Pythagoras erlangte durch große Redekünste auch einen großen Einfluss auf die Bürgerschaft Krotons, musste jedoch, nachdem sich Spannungen des Volkes gegen die Pythagoreer bildeten, umsiedeln.[3] Der letzte bekannte Ort, an dem er je gelebt haben soll ist Metapontion. Pythagoras soll circa um 510 vor Christus gestorben sein. Es ist also festzustellen, dass sich bereits 1800 vor Christus Anfänge vom Satz des Pythagoras zeigten, dass Pythagoras jedoch durch das

---

[1] Claudi Alsina: Pythagoras – Die heilige Geometrie von Dreiecken (Seiten 14 - 15)
[2] https://de.wikipedia.org/wiki/Pythagoras (gesichtet:25. Februar 2018)
[3] Claudi Alsina: Pythagoras – Die heilige Geometrie von Dreiecken (Seite 13)

Wiederentdecken des Satzes und durch die Entdeckung der pythagoreischen Tripel durch seine Anhänger in der Geschichte des menschlichen Wissens sehr einflussreich bleibt.[4]

Satz des Pythagoras Basiswissen

Um die Herleitung des Satzes verstehen zu können, muss man sich natürlich erstmal ein gewisses Grundwissen darüber aneignen. Jeder hat wahrscheinlich schonmal vom Satz des Pythagoras gehört. Aber das bedeutet ja nicht, dass man auch genau weiß was man sich hierunter vorzustellen hat.

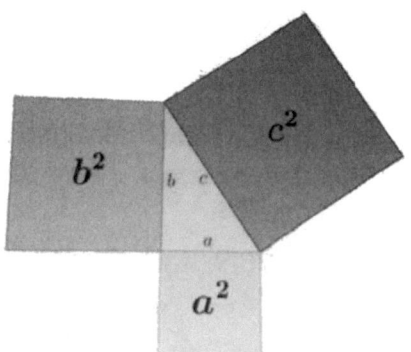

(Abb. 2 Satz des Pythagoras)[5]

In seiner ursprünglichen Form besagt der Satz des Pythagoras folgendes: „In einem gegebenen Dreieck mit den Punkten ABC als Eckpunkte ist der Winkel bei A nur dann ein rechter Winkel, wenn die Fläche des Quadrats über der Seite a der Flachensumme der Quadrate über den Seiten b und c entspricht"[6] (siehe Abb. 2). Kurz: $a^2 + b^2 = c^2$

Der Satz lautet also: „Die Summe der Kathetenquadrate eines rechtwinkligen Dreiecks ist gleich dem Quadrat der Hypotenuse."[7]

In erster Linie war der Satz des Pythagoras dazu da, um zu überprüfen, ob etwas senkrecht steht. Mit Hilfe des Satzes lassen sich jedoch auch viele andere Dinge berechnen. Zum Beispiel die Bildschirmdiagonale eines Fernsehers, Entfernungen in Luftlinie und vieles mehr. In diesen Anwendungen ist immer rechtwinkliges Dreieck im Spiel.[8]

---

[4] https://de.bettermarks.com/mathe/pythagoras-von-samos/ (gesichtet:25. Februar 2018)
[5] Martin Purgina - Fermats letzter Satz. Pythagoräische Tripel und Lösungen von Fermat und Euler (Seite 3)
[6] Claudi Alsina: Pythagoras – Die heilige Geometrie von Dreiecken (Seite 42)
[7] Martin Purgina - Fermats letzter Satz. Pythagoräische Tripel und Lösungen von Fermat und Euler (Seite 3)
[8] https://de.bettermarks.com/mathe/anwendungen-zum-satz-des-pythagoras/ (gesichtet: 25. Februar 2018)

Beispiel an einer Aufgabe

Im folgenden Kapitel werde ich den Satz des Pythagoras ein einer Aufgabe demonstrieren:

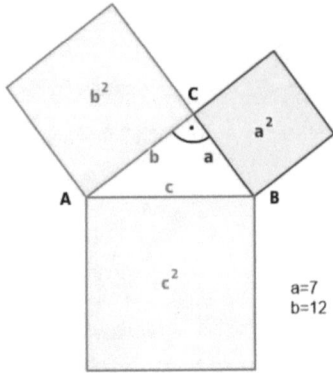

(Abb. 3 Satz des Pythagoras Figur)[9]

Man hat gegeben: a=7cm

b=12cm

Es wird gesucht nach: c

Es gilt: $a^2 + b^2 = c^2$

Setzt man die Werte der Aufgabe ein: $\quad 7^2 + 12^2 = c^2$

$= 49 + 144 = c^2$

Also: $c^2 = 193$

$c = \sqrt{193} = 13{,}892$

Pythagoreische Tripel Basiswissen und Geschichte

In diesem Kapitel wird erklärt was pythagoreische Tripel überhaupt sind und es wird über die Geschichte jener berichtet.

---

[9] http://ch.bettermarks.com/mathe-portal/mathebuch/satz-des-pythagoras-und-seine-umkehrung.html (gesichtet: 26. Februar 2018)

Pythagoreische Tripel (a, b, c) beschreiben ganzzahlige Seitenlägen von Dreiecken, die so beschaffen sind, dass gilt: $a^2 + b^2 = c^2$. Das heißt, dass ein Tripel (a, b, c) mit a, b, c $\in \mathbb{N}$, welches die Gleichung $a^2 + b^2 = c^2$ löst, pythagoreisches Tripel genannt wird. Sind die Zahlen a, b und c teilerfremd, dann nennt man ein solches Tripel primitiv. Das bekannteste Beispiel dazu wäre das Tripel aus den Zahlen 3, 4 und 5.[10]

Pythagoreische Tripel fanden sich bereits auf babylonischen Tontafeln, die wahrscheinlich aus der Zeit der Hammurabi-Dynastie stammen (1829 bis 1530 v. Chr). Die Keilschrifttafel Plimpton 322 enthält 15 verschiedene pythagoreische Tripel, was darauf schließen lässt, dass bereits vor mehr als 3500 Jahren ein Verfahren zur Berechnung solcher Tripel bekannt gewesen sein muss. Für Ägypten ist eine Erwähnung von pythagoreischen Tripeln nur aus einem Papyrus des 3. Jahrhunderts v. Chr. bekannt, doch leider konnten aufgrund des Mangels an Quellen keine weiteren Informationen herausgefunden werden.[11] Forscher jedoch berichten, dass die Ägypter mindestens den Satz des Pythagoras gebraucht hätten, um die Pyramiden so perfekt zu bauen, wie sie es heute sind. Das indische Baudhayana-Sulbasutra aus dem 6. Jahrhundert vor Christus enthält fünf pythagoreische Tripel, weiteres darüber ist jedoch nicht bekannt.[12]

Herleitung vom Satz des Pythagoras

Im folgenden Kapitel wird der momentan wohl berühmteste Lehrsatz der Geschichte mithilfe verschiedener Methoden Hergeleitet.

Der Satz des Pythagoras wird heutzutage in vielen Bereichen auf der ganzen Welt genutzt. Jedoch ist die Herleitung schwerer zu verstehen, als es die Anwendung des Satzes. Daher wird die Herleitung des Satzes in den nächsten Zeilen anschaulich erläutert.

---

[10] Martin Purgina - Fermats letzter Satz. Pythagoräische Tripel und Lösungen von Fermat und Euler (Seite 4)
[11] Claudi Alsina: Pythagoras – Die heilige Geometrie von Dreiecken (Seiten 14 - 15)
[12] https://de.wikipedia.org/wiki/Pythagoreisches_Tripel#Zusammenhang_mit_den_heronischen_Dreiecken (gesichtet:25. Februar 2018)

Man stelle sich ein rechtwinkliges Dreieck vor. Die Kathete a hat eine Länge von 4cm und die Kathete b eine Länge von 3cm. Die Länge der Hypotenuse ist unbekannt. Natürlich könnte man jetzt einfach die Hypotenuse abmessen, hier soll jedoch eine Formel gefunden werden.[13]

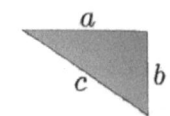

Dazu zeichnet man nun an die Hypotenuse c ein Quadrat mit der Seitenlänge c. Das Quadrat hat nun die Seitenlänge c hat also einen Flächeninhalt welcher c^2 beträgt. Wenn man nun also die Fläche des Quadrates hätte, könnte man aus dieser einfach die Wurzel ziehen. Dann hätte man die Länge c.[14]

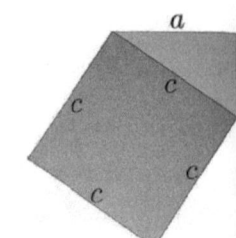

Hierzu zeichnet man an jede Seite des Hypotenusenquadrates jeweils ein, mit dem Dreieck des Beispiels, kongruentes Dreieck.

Es wurde nun ein weiteres Quadrat konstruiert welches die Seitenlänge a + b hat. Das heißt, um den Flächeninhalt des Quadrates zu berechnen, muss $(a+b)^2$ gerechnet werden.[15]

Also: $(3+4)^2 = 49$

Um nun den Wert von c^2 heraus zu bekommen, muss man die Fläche der vier kongruenten Dreiecke nur von der Fläche des großen Quadrates abziehen.

Daraus folgt: 49cm² - 4 x ½ x 4cm x 3cm = 49 – 2 x 4cm x 3cm = 49cm² – 24cm² = 25cm²

Mit dieser Rechnung hat man nun die Größe von c^2 berechnet. Zieht man nun die Wurzel aus c^2 bekommt man als Ergebnis die Länge von c, also die Länge der Hypotenuse, heraus.

Also: $\sqrt{25}$ = 5cm   Daraus folgt: c = 5cm

So hat man also die Länge von c berechnet. Fassen wir diese Rechnung nun in einer Formel zusammen.

---

[13] Bild zum/neben Text: Martin Purgina - Fermats letzter Satz. Pythagoräische Tripel und Lösungen von Fermat und Euler (Seite 4)
[14] Bild zum/neben Text: Martin Purgina - Fermats letzter Satz. Pythagoräische Tripel und Lösungen von Fermat und Euler (Seite 4)
[15] Bild zum/neben Text: Martin Purgina - Fermats letzter Satz. Pythagoräische Tripel und Lösungen von Fermat und Euler (Seite 4)

Zuerst haben wir ein Quadrat mit der Seitenlänge 3cm + 4cm konstruiert. Dieses hatte die gleiche Größe wie das Hypotenusenquadrat c^2 addiert mit 4 kongruenten Beispieldreiecken. Stellen wir diese nun gegenüber, sähe das so aus:

$(a+b)^2 = c^2 + 4 \times ½ \times a \times b$

Auf der linken Seite der Gleichung, sieht man nun, dass dort eine binomische Formel steht. Löst man diese auf und fasst dann das, was auf der rechten Seite steht zusammen erhält man:

$a^2 + 2ab + b^2 = c + 2ab$

Wenn man nun genauer hinsieht, merkt man, dass auf beiden Seiten der Gleichung „2ab" steht. Dieses kann nun also auf beiden Seiten weggestrichen werden wodurch man dann folgende Formel erhält:

$a^2 + 2ab + b^2 = c + 2ab$ |-2ab

$a^2+b^2 = c^2$ ∎

So wurde nun der Satz des Pythagoras hergeleitet.[16]

Pythagoreische Tripel

Nähere Erklärung zu pythagoreischen Tripeln

In diesem Kapitel werden die pythagoreischen Tripel näher erklärt. Wie im Kapitel „Pythagoreische Tripel Basiswissen und Geschichte" schon erwähnt, bezeichnet man als pythagoreisches Tripel jedes Tripel natürlicher Zahlen, welches als Seitenläge eines Dreiecks vorkommen kann, welches rechtwinklig ist und bei dem somit auch der Satz des Pythagoras angewendet werden kann. Hier handelt es sich genau um die positiven Lösungen der diophantischen Gleichung $a^2 + b^2 = c^2$ (a,b,c ∈Z). Eine diophantische Gleichung ist eine Gleichung der Form $f(x1,x2,x3,...,xn) = 0$ mit ganzzahligen Koeffizienten, bei welcher sich nur für ganzzahlige Lösungen interessiert wird. [17]

Da es außer den primitiven Tripeln auch ungekürzte Tripel gibt, ist es ja offenkundig, dass es unendlich viele solcher Tripel gibt. Ein einfaches Beispiel hier wäre zum Beispiel das

---

[16] http://www.lyrelda.de/LN/01/videos/videos.php?v=195 (gesichtet:25. Februar 2018)
[17] http://www.mathepedia.de/Diophantische_Gleichungen.html (gesichtet:23. Februar 2018)

Tripel, welches aus 15, 20 und 25 besteht. Wenn man sich das Tripel näher ansieht merkt man, dass die Zahlen des Tripels einen gemeinsamen Teiler haben, welcher nicht Eins ist: die Fünf. Teilt man nun jede Zahl des pythagoreischen Tripels durch 5 erhält man das Tripel mit den Zahlen 3, 4 und 5. So hat man ein Tripel gekürzt. Gekürzte Tripel werden wie oben schon erwähnt primitive Tripel genannt. Ungekürzte Tripel gelten aber auch als pythagoreische Tripel.[18]

Rechenverfahren zur Unendlichkeit der pythagoreischen Tripel

Es gibt unendlich viele Zahlen, das heißt natürlich auch, dass es unendlich viele pythagoreische Tripel gibt. Aber wie findet man diese heraus? In diesem Kapitel wird sich damit beschäftigt was es für Rechenverfahren gibt um zu einer Zahl jedes erdenkliche pythagoreische Tripel zu finden.

In den nächsten Zeilen wird ein Verfahren zur Erzeugung primitiver Tripel beschrieben:

Man stelle sich vor, dass (a, b, c) ein primitives Tripel sei. Dann ist c ungerade. (Wäre c gerade, so wäre auch a^2+b^2 gerade und man könnte das Tripel mit 2 kürzen.)

Damit ist einer der Summanden a und b gerade und der andere ungerade. Man nehme an, b ist gerade.

Es gilt erstens:

$b^2 = c^2 - a^2 = (c+a)(c-a)$

Da b gerade ist gilt auch

$(\frac{b}{2})^2 = \frac{c+a}{2} \times \frac{c-a}{2}$

Im folgenden wird gezeigt, dass $\frac{c+a}{2}$ und $\frac{c-a}{2}$ teilerfremd sind. Das heißt ihr größter gemeinsamer Teiler ist 1.

Hier steht g als gemeinsamer Teiler. Dann gilt g| $\frac{c+a}{2}$ und g| $\frac{c-a}{2}$

Also gilt außerdem: g| $\frac{c+a}{2} + \frac{c-a}{2}$ und g| $\frac{c+a}{2} - \frac{c-a}{2}$

---

[18] http://www.mathepedia.de/Pythagoreische_Tripel.html (gesichtet:23. Februar 2018)

Daraus folgt, dass g|c und g|a gilt.

Weil $b^2 = c^2 - a^2 = (c+a)(c-a)$ gilt, ist auch g|b, im Widerspruch zur Voraussetzung, dass es sich bei (a,b,c) um ein primitives Tripel handelt.

Das heißt jedoch, dass auf der rechten Seite von $(\frac{b}{2})^2 = \frac{c+a}{2} * \frac{c-a}{2}$ das Produkt zweier Quadratzahlen u² und v² steht. Also setzt man:

$u^2 = \frac{c+a}{2}$ und $v^2 = \frac{c-a}{2}$

Damit gibt es nun auch eine Formel mit welcher man ein pythagoreisches Zahlentripel erzeugen kann.

$a = u^2 - v^2$ $b = 2uv$ $c = u^2 - v^2$

Diese Formeln bringen für beliebige u, v $\in$ Z, u > v ein pythagoreisches Tripel. Natürlich kann man diese Methode auch rückwärts anwenden, wenn man u oder v herausbekommen möchte. Das würde dann so funktionieren:

$u = : \sqrt{\frac{c+a}{2}}$ $v = : \sqrt{\frac{c-a}{2}}$

solange b die gerade Zahl des Tripels ist. u und v sind somit teilerfremde natürliche Zahlen mit u > v, während eine gerade und die andere ungerade ist. Damit ist auch bewiesen, dass es unendlich viele pythagoreische Tripel gibt.[19] ∎

---

[19] http://www.mathepedia.de/Pythagoreische_Tripel.html (gesichtet:23. Februar 2018)

Quellen- und Literaturverzeichnis

1. Purgina, Martin: Fermats letzter Satz. Pythagoräische Tripel und Lösungen von Fermat und Euler. 1 Auflage. Norderstedt 2016

2. Alsina, Claudi: Der Satz des Pythagoras. Die heilige Geometrie von Dreiecken. 1. Deutsche Auflage. Kerkdriel 2016

3. https://de.bettermarks.com/mathe/pythagoras-von-samos/ (gesichtet:25. Februar 2018)

4. https://de.bettermarks.com/mathe/anwendungen-zum-satz-des-pythagoras/ (gesichtet: 25. Februar 2018)

5. http://ch.bettermarks.com/mathe-portal/mathebuch/satz-des-pythagoras-und-seine-umkehrung.html (gesichtet: 26. Februar 2018)

6. http://www.lyrelda.de/LN/01/videos/videos.php?v=195 (gesichtet:25. Februar 2018)

7. http://www.mathepedia.de/Diophantische_Gleichungen.html (gesichtet:23. Februar 2018)

8. http://www.mathepedia.de/Pythagoreische_Tripel.html (gesichtet:23. Februar 2018)

9. https://de.wikipedia.org/wiki/Pythagoras (gesichtet:25. Februar 2018)

10. https://de.wikipedia.org/wiki/Pythagoreisches_Tripel#Zusammenhang_mit_den_heronischen_Dreiecken (gesichtet:25. Februar 2018)

BEI GRIN MACHT SICH IHR WISSEN BEZAHLT

- Wir veröffentlichen Ihre Hausarbeit, Bachelor- und Masterarbeit

- Ihr eigenes eBook und Buch - weltweit in allen wichtigen Shops

- Verdienen Sie an jedem Verkauf

Jetzt bei www.GRIN.com hochladen und kostenlos publizieren